Lemon Recipe Book

清新烘焙
酸甜好滋味の檸檬甜點45

前 言

某天，一位朋友不經意地對我說：
「若山妳這麼喜歡用檸檬，真希望能一次蒐集所有的相關食譜啊！」
於是，這句話成了誕生本書的契機。

雖然到那時為止，我自己並未察覺，原來我是真的很喜歡檸檬。
況且又使用於甜點之中最為多見。

甜點，顧名思義是甜的，
而檸檬能讓甜點的口感變得清爽。
爽口的酸味、清新的香氣，配上令人心曠神怡的絕妙苦味。
創造出讓人不知不覺一口接一口的神奇魅力。

此外，或許是從孩提時代就相當熟悉的滋味，
又或是外形總是帶給我莫名懷舊的心情，都讓我喜歡檸檬。

使用時除了果肉及果汁，絕對不可忽略的還有果皮。
可以完完整整、毫不浪費的使用，也是檸檬的魅力。

從住在南法的時候開始，就十分嚮往高大的檸檬樹。
總有一天，能夠住在庭院裡擁有檸檬樹的房子，
在樹下悠閒的睡個午覺之類，是我的夢想。

不過現階段，就先用檸檬來作甜點吧！

入手瞬間，我的心情也隨著檸檬散發的清香而淨化……
在檸檬香氣的包圍下製作甜點的時刻，
對我來說就是幸福的時刻。

Contents

3　冰涼的檸檬甜點

〔 本書通則 〕

• 使用檸檬皆為日本國產。

• 一顆檸檬重量約100g，取出的果汁約為40cc。

• 砂糖皆使用細砂糖或糖粉，奶油為無鹽奶油。

• 1小匙為5cc，1大匙為15cc。

• 烤箱的加熱溫度、加熱時間會因機種不同而有所差異。請參考作法建議時間，再觀察甜點的狀態來作調整。

• 雞蛋使用中蛋（M，50～55g）。

• 微波爐的加熱時間以600W為基準。

認識檸檬！

從小就很熟悉的檸檬，但你真的知道它究竟是什麼樣的水果嗎？
最近市面上開始出現日本國產的檸檬，或許很多人都希望能更廣泛地運用吧！
一起來學習選購方法、產季等跟檸檬有關的小知識，拉近跟檸檬之間的距離吧！

關於檸檬

本書使用的檸檬皆為日本國產。早期多為進口不容易購得，如今家家戶戶都能輕鬆買到國產檸檬了。若想利用富含檸檬香氣的「外皮」來製作點心，必須選擇不含防腐劑、無蠟、無農藥或低農藥的國產檸檬，這也是直到最近才較為普遍。不僅是安全性的要素，果汁含量高、香氣風味佳，也是日本國產檸檬的特色。能夠選購到最新鮮的在地食材，也是令人相當欣慰的一點。

檸檬的挑選

既然是花錢買的，當然希望買到優質美味的水果。
以下為各位簡單介紹如何分辨檸檬的好壞差異。

Good!

好的檸檬

・顏色鮮豔
・觸摸時有彈性
・拿在手中有分量

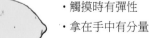

Bad

差的檸檬

・有黑色斑點
・蒂頭呈現黑色
（新鮮檸檬是綠色）
・外皮有皺紋

※ 若是無農藥栽種的情況，
新鮮檸檬也可能出現皺紋。

檸檬產季

12 月至 4 月是檸檬盛產的季節。依據栽種方式的不同，上市時間也會有所差異。最近則是一整年都能買得到。

month	1	2	3	4	5	6	7	8	9	10	11	12
露天栽種	●	●	●	●	●					●	●	●
溫室栽種							●	●	●			
貯藏檸檬						●	●					

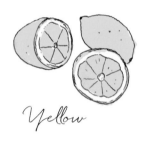

黃檸檬

最常見的品種為 Risubon 與 Villafranca。Risubon 果汁含量豐富，酸味明顯。Villafranca 的特點則是容易栽種。和柑橘混種邁爾檸檬（Meyer Lemon）因為酸味較為溫和，也相當適合用於甜點。

綠檸檬

並非不同品種，而是黃色檸檬完全成熟變黃前摘採下來，就是綠色的模樣。比起完全成熟的黃檸檬，果汁量雖然較少，但香氣卻更為清爽鮮明。請依據用途來選擇。台灣主要栽種品種為優利卡 Eureka，整年均產，盛產期為 7 至 9 月。而口感較較酸的「無籽檸檬」實為萊姆（Lime），盛產期為 5 至 6 月、11 月至翌年 1 月。

保存方法

整顆保存

檸檬是可以冷凍保存的。特別是想要取得現磨檸檬皮時，冷凍過後的檸檬反而更硬更好磨。無論是整顆保存還是切開使用後剩餘的部分，放入保鮮袋密封後，直接冷凍保存吧！

切片保存

跟據使用需求，亦可切片後單片包裹保鮮膜冷凍保存。無論作為甜點的裝飾，或加在紅茶裡都很適合。如果想用在甜點裡，也可以事先將檸檬片作成糖漬（P.35），再放入冷凍保存。

果汁

若是只使用檸檬皮的情況，可將果汁擠入製冰盒，放入冰箱冷凍。每個製冰盒大小不同，可用「1 大匙」作為標準來製作檸檬冰塊，日後使用上也相對便利。亦可使用小密封袋冷凍。

先從基本的
3種檸檬醬
開始吧！

在此將介紹，利用檸檬和家中常備材料即可輕鬆完成，每天都想品嘗的3種檸檬醬。檸檬蛋黃醬與檸檬果醬，每日早餐都可搭配吐司或優格享用。有著酥脆口感、在口中釋放酸甜香氣的檸檬糖霜，則非常適合搭配各式各樣的點心。

Lemon Curd
檸檬蛋黃醬

檸檬蛋黃醬是英國的傳統抹醬。英文裡的
Curd即凝固之意。比起普通的檸檬奶油
醬（Lemon Cream），由於蛋黃醬中的
蛋液經過加熱，更利於保存。奶油的分量
較多時，奶味較重；相對地如果奶油分量
較少，則蛋味較強。

材料（便於操作的分量）

雞蛋 … 1個

細砂糖 … 50g

檸檬汁 … 50cc（約1.5顆檸檬）

現磨檸檬皮 … 1個分

奶油（隔水加熱溶化）… 40g

- -

● 適合搭配美味加倍的食物

- 法式薄餅
- 吐司
- 冰淇淋

● 運用此醬的甜點

- 檸檬三明治（P.30）
- 檸檬起士蛋糕（P.36）
- 檸檬白巧克力醬瑞士捲（P.48）
- 檸檬波士頓派（P.52）

〔 保存期限 〕
裝入煮沸消毒過的密封容器內，可以冷藏三週。
開罐後的冷藏保存期為一週。

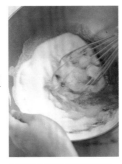

1 雞蛋放入鋼盆裡仔細打散，
細砂糖全部加入後，以電動
攪拌器打發，直到砂糖顆粒
完全消失。

2 倒入檸檬汁後拌勻，並加入
現磨檸檬皮。可直接在鋼
盆上方磨檸檬皮，簡單又方
便！

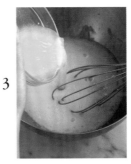

3 倒入隔水加熱溶化的奶油。
奶油可在步驟1開始前先隔
水加熱備用，或加熱後直接
使用也OK。

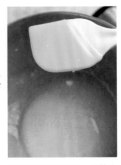

4 鋼盆直接隔水加熱，攪拌食
材的同時以小火加熱5分鐘
以上。待檸檬醬質地變得
濃稠即完成。最好能過濾一
次。

5 完成品約150g左右。若是
沒有要立即享用，倒入煮沸
消毒後的玻璃瓶內冷藏保存
即可。即使放在非密封容器
內，也可保存一週左右。

Lemon Marmalade
檸檬果醬
甜味（上）／苦味（下）

材料只有檸檬與砂糖。若是一次買了大量的檸檬，就作成果醬保存起來吧！果醬不只可以塗抹麵包，亦能當成製作甜點的材料。甜味果醬入口滑潤，酸中帶甜有如蜂蜜。苦味果醬則是帶有些許苦澀，口感紮實則是其特色。

材料（便於操作的分量，兩者皆同）
檸檬 … 2個
細砂糖 … 200g（與檸檬重量相同）

- -

● 適合搭配美味加倍的食物
甜味→飲料或優格
苦味→加入烘焙類型的甜點裡

● 運用此醬的甜點
甜味
- 檸檬蒸蛋糕（P.25）
- 檸檬巧克力塔（P.38）
- 檸檬查佛蛋糕（P.64）

苦味
- 檸檬巧克力司康（P.18）
- 檸檬酸奶酪週末蛋糕（P.44）
- 兩者皆可
- 檸檬夾心餅乾（P.26）

〔保存期間〕
裝入煮沸消毒過的密封容器內，
可以室溫保存半年。
開罐後的冷藏保存期為一個月左右。

〔甜味〕　〔苦味〕

 1

檸檬削皮，將果皮切成細絲，果肉去籽後切成大塊。將檸檬汁擠出備用。果皮以大量清水浸泡洗淨。

 1

檸檬削皮，將果皮切成碎末，果肉去除籽後切成大塊。將檸檬汁擠出備用。將以上材料與細砂糖倒入鍋內，以小火加熱。

 2

在鍋中注入大量清水，水滾後倒入檸檬皮，約莫1分鐘後以濾網撈起，瀝去多餘水分。

 2

煮至鍋內呈現小滾狀態後，繼續以小火加熱，並且以矽膠抹刀攪拌15分鐘。

 3

將步驟2與步驟1的果肉＋果汁、細砂糖全部倒入鍋內，以小火加熱。煮至檸檬皮呈透明狀、整體質地黏稠即完成。裝入煮沸消毒過的玻璃瓶保存即可。

 3

和甜味果醬相同，煮至檸檬皮呈透明狀、整體質地黏稠的狀態即可。由於冷卻後的果醬會更為凝固，因此只要略為濃稠即可關火。裝入煮沸消毒過的玻璃瓶保存即可。

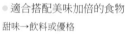

取一個小容器倒入糖粉，在中央加入1小匙的檸檬汁。

以檸檬汁為中心點，使用湯匙慢慢混合均勻。讓糖粉充分吸收果汁。

混和的檸檬汁完全被吸收，糖粉變硬後，再加入剩下的檸檬汁。以同樣方式混合，讓糖粉充分吸收檸檬汁。

全部混合完成，撈起後呈現緩慢不易流下的模樣即可。如果太軟，請添加糖粉；如果太硬，請添加檸檬汁進行調整。可按喜好加入現磨檸檬皮。

Lemon Icing
檸檬糖霜

糖霜可以在各式各樣的甜點上作出可愛的裝飾，而檸檬則是製作糖霜不可或缺的材料。由於是最先入口的部分，所以更能感受檸檬帶出的新鮮爽口。事實上，正是利用糖霜來提升甜點中的「檸檬味」。

材料（便於操作的分量）
糖粉 … 50g
檸檬汁 … 2小匙
現磨檸檬皮 … 適量

- -

● 適合搭配美味加倍的食物
• 餅乾
• 司康
• 馬芬

● 運用此醬的甜點
• 檸檬蛋糕（P.20）
• 檸檬戚風蛋糕（P.42）
• 檸檬酸奶酪週末蛋糕（P.44）

〔 保存期限 〕
糖霜不適合保存。
製作後請盡量使用完畢。

關於材料

以下是製作檸檬甜點時不可或缺的材料。
這些都是容易取得又方便好用的經典材料。

1. 檸檬
本書主角！書中使用的是日本國產檸檬。
果皮和果肉之間的白色組織是苦味來源，
現磨檸檬皮時請小心，別磨得太厚。

2. 低筋麵粉
製作甜點時必備的麵粉。
本書使用麵粉為 Dolce，其他品牌也無妨。

3. 牛奶
使用普通的牛奶即可。若是沒有特別標註，
請先讓牛奶在室溫下退冰後使用，就不易產生結塊。

4. 鮮奶油
使用乳脂含量 35% 的產品。質地輕盈，容易操作又不容易油水分離，
是這種鮮奶油的特性。本書食譜不需要乳脂含量太高的鮮奶油。

5. 細砂糖
本書使用的砂糖主要為細砂糖。
特性是顆粒分明能快速溶於液體之中，且容易混合。

6. 雞蛋
無論是以蛋黃增加甜點風味，或以蛋白製作蛋白糖霜，雞蛋都
扮演了重要的角色。基本上使用中蛋（約 50 至 55g）。

7. 奶油
本書基本上使用無鹽奶油。除了需要事先溶化的奶油，
最好都先讓奶油在室溫下退冰軟化，使用上會更加順手。

8. 糖粉
將細砂糖顆粒研磨成粉狀的砂糖。
非常容易溶化，適合用來製作糖霜之類。

9. 蜂蜜
蜂蜜和檸檬是絕佳組合，因此也經常出現在本書中。
請選擇較無強烈香氣的花蜜，或柑橘系列的蜂蜜。

有它更方便的檸檬小工具

檸檬榨汁器
符合檸檬尺寸的榨汁器。建議選用榨汁處下方有凸起的設計，方便將種籽和果汁分開。

磨皮器
除了用來刨絲，也可用來刨檸檬皮，相當輕便好用。只要將檸檬皮靠在刨刀凸起處磨擦，果皮即成細小狀落下。

刨絲器
利用孔狀前端刮取檸檬皮，刨出細長的果皮絲。可以削出僅帶表皮顏色的薄皮，纖細口感比直接切絲更好。

1
簡單的
檸檬小點心

檸檬的風味，似乎是全世界共通的、充滿懷舊氣息的熟悉味道。尤其是作成檸檬造型的「檸檬蛋糕」，這款誕生於日本的樸素甜點，充滿著懷念往昔時光的情懷。此外，包括美國的馬芬、司康，或是法國的瑪德蓮……無論哪一種都是家庭裡的母親站在廚房即可完成的簡易點心。首先，就為大家介紹幾款令人躍躍欲試且難易度低，又能在下午茶時間輕鬆享用的檸檬點心吧！

Lemon Muffins, Raspberry & White Chocolate

檸檬馬芬&
檸檬覆盆子白巧克力馬芬

想要製作口感鬆軟的馬芬，不可或缺的材料就是白脫牛奶（Buttermilk）。由於國內不易取得，所以只要在牛奶當中加入檸檬汁，讓牛奶變得濃稠後再和其他原料混合，也能達到同樣的效果。水果不需加入攪拌，直接放在麵團上一起烘烤即可。

事前準備（共同原則）
・馬芬模型內鋪好烘焙紙。
・低筋麵粉＆泡打粉混合過篩備用。
・奶油置於室溫下退冰軟化。
・將檸檬汁加入牛奶中，混合備用。
・烤箱預熱至190℃。

〔檸檬馬芬〕
材料（直徑5.5×高3.5cm的馬芬模型3至4個分）

奶油 … 50g
細砂糖 … 70g
現磨檸檬皮 … 少許
雞蛋 … 1個
鮮奶油 … 2大匙
低筋麵粉 … 110g
泡打粉 … ⅔小匙
牛奶 … 2大匙
檸檬汁 … ½大匙
檸檬片 … 3至4片

〔檸檬覆盆子白巧克力馬芬〕
材料（直徑5.5×高3.5cm的馬芬模型3至4個分）
除檸檬片以外，材料與「檸檬馬芬」完全相同。
覆盆子 … 30g
白巧克力 … 30g

1 將奶油、細砂糖、現磨檸檬皮放入調理盆，以打蛋器仔細攪拌均勻。
2 徐徐倒入打散後的蛋液混合拌勻，使調理盆內的材料呈現乳化狀。
3 加入鮮奶油，攪拌均勻。
4 加入一半的過篩粉類，一邊旋轉調理盆，一邊以矽膠抹刀從盆底翻拌，混合均勻。
5 倒入牛奶＆檸檬汁的混合液拌勻，加入餘下所有的過篩粉類，俐落地混合均勻。

6 〔檸檬馬芬〕
步驟5的材料倒入模型後，放上檸檬片，將烤箱溫度的設定降為180℃，烘烤20分鐘即可。

〔檸檬覆盆子白巧克力馬芬〕
步驟5的材料倒入模型後，加入覆盆子及切碎的白巧克力，將果粒等稍微壓進麵糊裡，烤箱溫度的設定降為180℃，烘烤20分鐘即可。

Lemon & Chocolate Scone
檸檬巧克力司康

檸檬加上榛果＆巧克力的組合，在法國十分受歡迎。麵團本身的味道偏向苦甜巧克力，因此切碎混入的牛奶巧克力，就成了甜味來源的重點。若是希望強調檸檬的酸味，可以加上檸檬糖霜來達到效果。

材料（6個分）

榛果 … 20g

牛奶巧克力 … 50g

Ⓐ

　低筋麵粉 … 130g

　可可粉 … 15g

　泡打粉 … 1 ½小匙

　細砂糖 … 2大匙

奶油 … 50g

牛奶 … 60cc

檸檬汁 … 1大匙

現磨檸檬皮 … ½個分

苦味檸檬果醬（P.10）… 2大匙

事前準備

・將檸檬汁加入牛奶中，混合備用。

・奶油置於冰箱中保持冷藏。

・烤箱預熱至190℃。

・榛果先乾煎備用。

1 榛果對切，巧克力切成一口大小。

2 材料Ⓐ混合後，過篩至調理盆裡。

3 奶油切成1cm立方塊狀，放入步驟2的材料裡。

4 倒入牛奶＆檸檬汁的混合液拌勻，再加入步驟1的食材以及現磨檸檬皮，混合均勻後，整成一塊。即使麵團裡隱約可見乳白色的塊狀奶油也不要緊。

5 在工作檯灑上手粉（分量外的麵粉），放上步驟4的麵團輕輕擀平，抹上一半分量的果醬後對摺。以相同手法擀平，抹上餘下的果醬後再次對摺。將麵團擀成10×15 cm、2cm厚的模樣，再切成5cm的正方形塊狀（a）。

6 麵團並排於烤盤上，放入烤箱以190℃烘烤15分鐘。

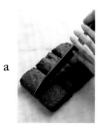

a

Lemon Cake
檸檬蛋糕

這款造型呈現檸檬原樣的檸檬蛋糕，是源自日本的獨創甜點。介於海綿蛋糕與磅蛋糕之間的鬆軟口感，是相當熟悉的經典味道。當然也可以使用杯子蛋糕的模型來製作，不過，還是作成檸檬的模樣更讓人開心吧！

材料（8×5.5cm 的檸檬模型 8 至 9 個分）

◎檸檬蛋糕麵團

雞蛋 … 2個

細砂糖 … 80g

蜂蜜 … 10g

低筋麵粉 … 80g

玉米粉 … 20g

奶油 … 60g

檸檬汁 … 1大匙

現磨檸檬皮 … ½個分

◎檸檬糖霜（P. 12）

糖粉 … 100g

檸檬汁 … 4小匙

事前準備

・在模型內薄薄刷上一層軟化成乳霜狀的奶油，以濾網過篩灑上低筋麵粉後，再拍掉多餘的麵粉（皆為分量外）。

・奶油隔水加熱融化成溫熱狀備用。

・烤箱預熱至180℃。

Pick up!

●檸檬模型

可在網路上或東京淺草的合羽橋道具街購得。購入價格約100元日幣一個，若遇見請勿錯過。

---

1 將雞蛋、細砂糖、蜂蜜放入調理盆混合均勻，一邊隔水加熱一邊以電動攪拌器高速打發。待材料溫度升高後，停止加熱，撈起蛋醬確認狀況，若滴落後的塊狀可以維持3秒左右才消失，表示打發OK（a）。

2 將電動攪拌器轉成低速，繼續攪拌1分鐘，調整質地使全部均勻（b）。

3 低筋麵粉和玉米粉混合後過篩，加入步驟2的材料裡，一邊旋轉調理盆，一邊以矽膠抹刀從盆底翻拌，混合均勻。

4 加入溶化後的奶油、檸檬汁、現磨檸檬皮，以切拌的手法混合，直到麵糊出現光澤度為止（c）。將麵糊倒入檸檬模型裡（d），放入烤箱以180℃烘烤15分鐘。

5 將牙籤插入蛋糕裡，若沒有沾黏麵糊，表示蛋糕已烤好。從模型內取出蛋糕，放涼備用。

6 另取調理盆倒入糖粉，在中央加入檸檬汁，混合溶化後作成糖霜（P. 12）。將檸檬蛋糕凸起面朝上，在中央抹上糖霜，再以湯匙慢慢推勻覆蓋（e）。置於室溫下（夏天請放入冰箱）待糖霜凝固（或直接淋上市面販售的裝飾用白巧克力也OK）。

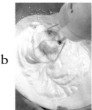

a b c

d e

Lemon Beignets
檸檬法式甜甜圈

這是歐洲每年二月份慶典時吃的甜點。麵團裡的少量奶油溶化後變成包覆甜甜圈的酥脆外衣，吃起來有著派皮般的口感。油炸時會產生許多氣泡，請務必小心。

材料（約50個分）

奶油 … 30g

細砂糖 … 15g

雞蛋 … 1個

低筋麵粉 … 150g

泡打粉 … 略少於1小匙

糖粉 … 60g

現磨檸檬皮 … 1個分

炸油 … 適量

事前準備

・奶油置於室溫下退冰軟化。

1　奶油與細砂糖放入調理盆，以打蛋器仔細混合拌勻。

2　雞蛋打散，徐徐倒入步驟1的同時，仔細拌勻。

3　低筋麵粉＆泡打粉混合後過篩加入，再一邊旋轉調理盆，一邊以矽膠抹刀從盆底翻拌，混合均勻。

4　攤開一大張保鮮膜，放上步驟3的麵團，以保鮮保包覆後擀成厚5mm、長寬皆20cm的正方形。直接放入冰箱冷藏，靜置至少30分鐘。

5　將步驟4的麵團切成2cm寬的長條狀，再斜切成菱形（a）。中途若麵團鬆弛了，就再放回冰箱冷藏。

6　在淺盤裡混合糖粉＆現磨檸檬皮。

7　在平底深鍋放入2cm高的炸油，加熱至170℃後，放入步驟5切好的麵團。炸至顏色金黃且外表酥脆（b）。瀝去多餘油分後立刻放進步驟6的糖粉裡（c）。

 a
 b
 c

Crepe with Lemon
檸檬可麗餅

搭配奶油和脆甜砂糖一起吃的可麗餅，是
法國最傳統的吃法。加上檸檬後多了一層
爽口清香，則是我最愛的組合。

材料（3至4片分）

◎可麗餅麵團

低筋麵粉 … 40g

細砂糖 … ½大匙

雞蛋 … 1個

牛奶 … 125cc

細油 … ½大匙

◎佐料

細砂糖、奶油、檸檬 … 各適量

1　低筋麵粉＆細砂糖混合過篩於調理盆，打蛋器以畫圓的
　　方式拌勻。雞蛋和牛奶打散混勻後，徐徐倒入調理盆的
　　同時，攪拌均勻。

2　平底鍋放入奶油，以小火加熱融化，將融化後的奶油
　　倒入步驟1的麵糊裡混合均勻。最好能放入冰箱冷藏，
　　靜置30分鐘以上（如此可增加麵團的韌性，不容易破
　　裂）。

3　步驟2的平底鍋以中火加熱後，以大湯勺舀取麵糊，倒
　　入平底鍋。煎至邊緣掀起（a），翻面再煎10分鐘即
　　可。重複上述作法，共可煎3至4片。

4　可麗餅摺疊後置於餐盤，灑上細砂糖再放上奶油塊，最
　　後淋上檸檬汁提味。

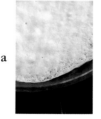

a

Steamed Lemon Bread

檸檬蒸蛋糕

這是一個調理盆即可完成的小點心。在表面放上果醬裡的檸檬皮絲，頂端就會產生自然的裂紋；若是混入蒸蛋糕裡，則是呈現渾圓飽滿的圓弧狀。請依個人喜好試試看吧！

材料（直徑4cm的杯子蛋糕模型6個分）

低筋麵粉 … 100g

泡打粉 … 1小匙

細砂糖 … 40g

雞蛋 … 1個

牛奶 … 50cc

沙拉油 … 2大匙

甜味檸檬果醬（P. 10）… 2大匙

1 在調理盆裡放入低筋麵粉、泡打粉、細砂糖，以打蛋器混合均勻。

2 另取調理盆打散蛋液，一邊慢慢加入牛奶與沙拉油，一邊拌勻。

3 將步驟2的蛋液徐徐加入步驟1裡，以打蛋器攪拌均勻，直到質地變得柔滑。這時加入一半分量的果醬，混合均勻後倒入模型，高度約7分滿，最後再加上餘下的半分果醬。

4 在蒸籠或深鍋裡鋪上廚房紙巾，放入耐熱容器，倒入3cm高的熱水，並排放入步驟3的蛋糕模。以摺疊後的毛巾作為蓋子，邊緣處放置一根筷子藉以散發水蒸氣。

5 以中火蒸10分鐘。之後以牙籤試戳，若無沾附麵糊即表示OK。

Lemon Cookie Sandwiches
檸檬夾心餅乾

別名葡萄夾心餅乾，此處則是「檸檬夾心」。以略帶苦味的檸檬果醬作為亮點的夾心餅乾，似乎更適合成熟的大人享用。即使不作成夾心，直接將奶油抹在餅乾上來吃也很美味。

材料（12個分）

◎餅乾麵團

奶油 … 60g

糖粉 … 35g

蛋黃 … 1個分

Ⓐ

  杏仁粉 … 20g

  低筋麵粉 … 90g

  泡打粉 … ½小匙

  鹽 … 1小撮

◎夾心餡

白巧克力 … 50g

奶油 … 50g

檸檬果醬（P. 10，苦甜皆可）… 50g

事前準備

• 餅乾麵團及夾心餡的奶油，皆置於室溫下退冰軟化。

• 烤盤先鋪好烘焙紙。

• 烤箱預熱至180℃。

◎餅乾麵團

1 奶油放入調理盆，攪拌成乳霜狀，加入糖粉以打蛋器充分混合後，再加入蛋黃仔細拌勻。

2 材料Ⓐ混合後過篩，倒入步驟1，一邊旋轉調理盆，一邊以矽膠抹刀從盆底翻拌混合，最後整成完整的麵團。

3 裁切兩片較長的保鮮膜，重疊成十字狀。放上步驟2的麵團後，將保鮮膜摺疊成18 × 24cm的大小。

4 隔著保鮮膜擀平麵團，直到麵團形狀與保鮮膜吻合（a）。若麵團在中途變軟，可再放回冰箱冷藏。

5 撕下保鮮膜，將擀好的麵團放在烘焙墊上，放入冷凍庫休息15分鐘。

6 切除不工整的邊緣後，將麵團以橫6×縱4的等分比例切開（b）。連著烘焙墊一起放入烤盤內，在切割好的麵團之間隔出空隙，排列整齊。放入烤箱以180℃烘烤12至15分鐘，直到呈現淺淺的金黃色。

◎夾心餡

7 將切碎的白巧克力放入調理盆，以隔水加熱的方式溶化。白巧克力完全溶化後移開熱水，加入奶油拌勻。調理盆放入冰水中隔水降溫，同時以打蛋器攪拌。

8 待餅乾出爐，靜置冷卻後，以烘烤表面朝上的方式兩片一組，夾入內餡及檸檬果醬。

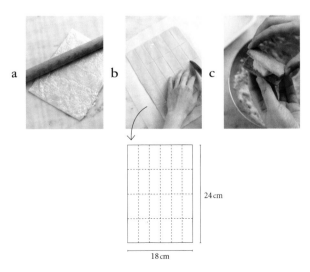

24cm

18cm

Lemon Polvoron
檸檬西班牙小餅

這款小點心由於外貌全白，因此還有另一個更為人所知的名稱「雪球」。只要使用烘乾之後完全去除水分的低筋麵粉，再加入少量的起酥油，就能作出酥鬆口感。就算只用奶油，也一樣很好吃哦！

材料（40至45個分）
奶油 … 80g
起酥油 … 40g
（若僅使用奶油則總分量為120g）
糖粉 … 50g
現磨檸檬皮 … 1個分
低筋麵粉 … 160g
杏仁粉 … 40g
糖粉（裝飾用）… 100g

事前準備

· 奶油＆起酥油置於室溫下退冰軟化。烤盤鋪好烘焙紙，灑上食譜所需的全部麵粉量，以預熱至130℃的烤箱烘烤1小時。

· 低筋麵粉烤好後，烤盤換上新的烘焙紙。

· 烤箱預熱至160℃。

1 將奶油、起酥油、糖粉、一半分量的現磨檸檬皮放入調理盆，混合均勻。

2 烘烤過的低筋麵粉＆杏仁粉混合後過篩，加入步驟1內，一邊旋轉調理盆，一邊以矽膠抹刀從盆底翻拌混合，直到粉末完全消失為止。

3 沾取手粉（分量外），以雙手將麵團搓成約直徑3cm的圓球狀（a），置於烤盤上，放入烤箱以160℃烘烤12至15分鐘。

4 餘下的半分檸檬皮和糖粉混合備用，出爐的點心趁熱放入沾裹糖粉（b）。

 a　 b

Point

糖粉必須趁點心正熱的時候沾取，才能均勻裹覆。
如果稍微散熱後再沾裹，糖粉層會比較薄。
若是完全冷卻，糖粉就沾不上去了，請多加注意。

Lemon & Milk Cream Baguette
檸檬牛奶法國麵包（上）

在法國麵包的鹹香之中，清香四溢的煉乳奶油也毫不遜色，這甜甜鹹鹹的味道正是其魅力。是酥脆口感中帶著香濃卻輕盈爽口的美味。

材料（2人分）

煉乳 … 40g　奶油 … 30g

現磨檸檬皮 … ½個分

檸檬汁 … 2小匙

法國麵包 … ½根

事前準備

· 奶油置於室溫下退冰軟化。

1　煉乳與奶油仔細攪拌混勻。加入現磨檸檬皮及檸檬汁後，再次拌勻。

2　切開法國麵包，塗上步驟1的奶油餡即可。

Lemon Sandwiches
檸檬三明治（下）

最適合當成下午茶點心的檸檬三明治。若單獨使用檸檬蛋黃醬，口味會偏酸，因此以香蕉增添溫和口感。若是將奶油起士換成鮮奶油，偏向甜點的風味會更加鮮明。

材料（2人分）

吐司（三明治用）… 4片

檸檬蛋黃醬（P. 08）… 4至5大匙

香蕉（小）… 2根

奶油起士 … 3大匙

細砂糖 … 1小匙

1　在兩片吐司塗上檸檬蛋黃醬，再放上切成圓片的香蕉。

2　奶油起士和細砂糖拌勻，抹在另兩片吐司上。

3　步驟1和步驟2的吐司兩片一組夾起，切去吐司邊，再切成容易入口的大小。也可用布巾之類包好，放入冰箱冷藏1小時左右，會更好切開。

Point

奶油起士亦可改以鮮奶油取代，鮮奶油100cc加2小匙細砂糖打發，
佐以檸檬蛋黃醬即可作成水果三明治。

Madeleines

蜂蜜檸檬瑪德蓮

剛出爐的瑪德蓮外酥內軟。經過些許時間
的等待後，就能品嘗到蜂蜜和檸檬完美結
合的柔潤口感。利用細砂糖來轉移檸檬的
清香，是製作這款甜點的小技巧。

材料（瑪德蓮模型 8 個分）

細砂糖 … 60g

現磨檸檬皮 … ½個分

雞蛋 … 1顆

牛奶、蜂蜜 … 各1大匙

低筋麵粉 … 70g

泡打粉 … ⅓小匙

奶油 … 70g

事前準備

· 細砂糖和現磨檸檬皮混合後備用。

· 在模型內側薄薄刷上一層軟化成乳霜狀
  的奶油，以濾網過篩灑上低筋麵粉後，
  再拍掉多餘的麵粉（皆為分量外）。

· 奶油隔水加熱溶化備用。

· 烤箱預熱至190℃。

1 將拌勻備用的細砂糖＆現磨檸檬皮倒入調理盆，打入雞
  蛋後攪拌均勻。

2 倒入牛奶和蜂蜜，混合均勻。

3 低筋麵粉＆泡打粉混合後過篩，加入步驟2的材料中，
  再以打蛋器從盆底往上翻拌，混合均勻。

4 倒入已經放涼的溶化奶油，拌勻。以保鮮膜密封調理盆
  之後，放入冰箱靜置至少1小時。

5 利用擠花袋或湯匙將麵糊倒入模型內，放入烤箱以
  190℃烤12分鐘。

2
多彩多姿的
檸檬甜點

再多花一點點的時間與步驟,就能作出讓檸檬的美味更
加淋漓盡致的甜點。綴滿膨鬆綿密蛋白糖霜的檸檬乳霜
派,或是徹底誘發酸香的檸檬塔,正因為是檸檬,才能
完成甜度&酸度並存又相互映襯的醍醐味。無論哪款都
讓我體會到檸檬與各式甜點的絕佳組合,品嚐到的盡是
幸福的滋味。接下來單元裡,都有著耀眼檸檬黃,吸睛
又可口的魅力甜點。

Fresh Lemon Pound Cake
新鮮檸檬磅蛋糕

麵糊裡滿是檸檬清香，烘烤後更是刷上滿滿的檸檬糖霜或糖漿，充分浸潤檸檬果汁。最後以新鮮檸檬切片作為裝飾，沒有當然也無妨。

材料（18×7×6.5cm的磅蛋糕模型1個分）

奶油 … 110g

細砂糖 … 110g

雞蛋 … 2顆

低筋麵粉 … 130g

泡打粉 … ⅔小匙

檸檬汁 … 2大匙

現磨檸檬皮 … ½個分

◎成品修飾

檸檬汁 … ½個分　糖粉 … 50g

糖漬檸檬片（a） … ½個分

※作法參照下方的Point。

事前準備

・奶油與雞蛋置於室溫下退冰至常溫。

・在模型內鋪上烘焙紙。以模型為準，在烘焙紙上摺出壓紋，接著沿摺線剪出4個開口（b），鋪進模型裡（c）。

・烤箱預熱至180℃。

1　奶油與細砂糖放入調理盆，以打蛋器攪拌至顏色變白為止（d）。

2　將打散的蛋液分10次少量加入，攪拌均勻。

3　低筋麵粉＆泡打粉混合後過篩，加入步驟2的材料裡，以矽膠抹刀翻拌直到粉末完全融合。接著加入檸檬汁＆現磨檸檬皮（e）拌勻。

4　將麵糊倒入模型內，表面以矽膠抹刀整平，置於180℃的烤箱烘烤40分鐘。

5　檸檬汁＆糖粉混合拌勻，趁熱塗在步驟4烤好的磅蛋糕上，讓蛋糕充分吸收（f），最後可再加上糖漬檸檬片作為裝飾。

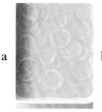
a

b

c

d

e

f

Point

新鮮檸檬切片，放入以50cc的水和50g細砂糖熬煮的糖漿裡，覆上落蓋後以小火略煮一下。

每樣材料的比例標準為1：1：1。一次多作一些，保存起來備用也很方便。

Lemon Cheesecake
檸檬起士蛋糕

宛如舒芙蕾的起士蛋糕，入口即化的口感是它最大的魅力。隨興淋上的檸檬蛋黃醬，讓蛋糕的酸甜變化更為豐富，比起混合的作法更令人驚喜。出爐當天立刻享用當然好吃，但隔天品嘗也會因為蛋糕體收縮的緣故，更添一番美好滋味。

材料（直徑18cm的圓形模1個分）

奶油起士 … 300g

細砂糖 … 70g

雞蛋 … 3顆

鮮奶油 … 100cc

檸檬汁 … 1大匙

現磨檸檬皮 … 少許

低筋麵粉 … 60g

檸檬蛋黃醬（P. 08）… 150g

糖粉 … 適量

事前準備

· 奶油起士置於室溫下退冰至常溫。

· 將雞蛋的蛋黃與蛋白分離。

· 在模型內鋪上烘焙紙（a）。若為分離式底盤的模型，請先以鋁箔紙包裹底盤。

· 烤箱預熱至170℃。

1 將奶油起士＆細砂糖30g放入調理盆，以打蛋器攪拌至柔滑。

2 加入蛋黃拌勻，再加入鮮奶油攪拌均勻。

3 倒入檸檬汁＆現磨檸檬皮（b）後混勻，加入過篩的低筋麵粉，攪拌均勻。

4 另取一盆倒入蛋白，以電動攪拌器打發，顏色開始變白後即可倒入細砂糖，然後持續打至硬性發泡。

5 將步驟4的蛋白分成3次加入步驟3（c），每次加入都要充分拌勻。

6 將蛋糕糊倒入模型內，隨興淋上檸檬蛋黃醬（d）。

7 烤盤鋪上廚房紙巾，再放上模型，在烤盤內注入3cm高的熱水。以170℃隔水加熱烘烤40分鐘。

8 出爐後靜置放涼，不燙手時即可自模型取出，再以濾網過篩灑上糖粉。

 a 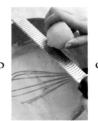 b  c

d

檸檬塔 &
檸檬巧克力塔

Citron在法文裡就是檸檬之意，而這兩款
正是我最喜歡的法式檸檬點心，能夠享受
到香濃鮮明的酸味。製作之餘的塔皮麵團
也很適合作成餅乾。

〔檸檬塔皮麵團〕共通

材料

（方便操作的分量，直徑16cm的塔模2個分）

奶油 … 90g

糖粉 … 30g

蛋黃 … 1顆分

Ⓐ

> 低筋麵粉 … 120g
>
> 鹽 … 少許
>
> 杏仁粉 … 20g
>
> （製作檸檬巧克力塔時改為
>
> 可可粉 … 10g）

a

事前準備

· 奶油置於室溫下退冰軟化。

1 奶油與糖粉放入調理盆，以打蛋器攪拌均勻。

2 加入蛋黃仔細拌勻，接著將Ⓐ過篩加入後，從盆底往上
  翻拌混合，直到整成一個完整麵團。以保鮮膜包覆麵
  團，靜置冰箱冷藏1小時以上。若只打算製作一個檸
  檬塔時，先使用一半麵團即可，另一半冷凍保存。

3 在工作枱上灑好手粉（低筋麵粉、分量外），放上步驟
  2的麵團，覆蓋保鮮膜後，將麵團擀成約直徑24cm的圓
  形塔皮。

4 將步驟3的塔皮放入模型內，沿模型邊緣按壓，使塔皮
  貼合模型（a）。接著以擀麵棍滾過模型邊緣，切去多
  餘塔皮。手指沿模型上緣輕壓，將塔皮壓成高於上緣
  5mm左右。麵團底部以叉子平均的壓出小洞。

5 放入冷凍庫半天以上，冷凍定型。

6 在塔皮上鋪上烘焙紙，放上重石。以預熱至180℃的烤
  箱烤20分鐘，接著移除烘焙紙及重石，再烤10分鐘。
  之後置於室溫下靜置冷卻。

Tarte Citron,
Tarte Citron
Chocolate

〔檸檬塔〕

材料（直徑16cm的塔模1個分）

◎檸檬餡

Ⓐ

| 雞蛋（打散）… 2顆　檸檬汁 … 80cc
| 現磨檸檬皮 … 2個分
| 細砂糖 … 120g

明膠 … 2至3g　水 … 1大匙

奶油（切小塊）… 80g

烤好的塔皮 … 1個

糖粉 … 適量

a

事前準備

· 將明膠置於水裡軟化備用。

1　將材料Ⓐ放入鍋裡，以小火加熱。以打蛋器持續攪拌，
　　待邊緣呈現黏稠狀後，改以矽膠抹刀繼續攪拌（a），
　　鍋內整體變得濃稠後，即可熄火。加入泡軟的明膠攪拌
　　均勻，以濾網過濾。
2　加入奶油塊，利用殘餘的溫度溶化奶油，混合均勻。
3　散熱至不燙手後倒入塔皮內，放入冰箱冷藏固定。食用
　　前以小濾網灑上糖粉。

〔檸檬巧克力塔〕

材料（直徑16cm的塔模1個分）

檸檬餡 …〔檸檬塔〕的一半分量

牛奶巧克力 … 75g

鮮奶油 … 2½大匙

甜味檸檬果醬（P. 10）… 1大匙

烤好的巧克力塔皮 … 1個

1　牛奶巧克力切碎後放入調理盆，加入溫熱後的鮮奶油，
　　緩慢攪拌讓巧克力溶化。
2　將步驟1的巧克力醬倒入塔皮內，隨興淋上檸檬果醬
　　後，放入冰箱冷藏30分鐘以上。
3　依〔檸檬塔〕步驟1至3，製作一半分量的內餡。
4　將步驟3的檸檬餡倒入步驟2的塔皮裡，再次送入冰箱
　　冷藏定型。

檸檬方塊酥

彷彿咬下滿口檸檬汁的錯覺,令人瞬間清醒的酸度相當有趣。為了完全引出檸檬的清香,餅乾部分以充滿奶油香氣的奶油酥餅來作搭配,並且加入罌粟籽,增添顆粒彈牙的口感。

材料(15×15cm的方模1個分)

低筋麵粉 … 70g

糖粉 … 2大匙

現磨檸檬皮 … ½個分

奶油 … 60g

罌粟籽(若有) … 1小匙

◎檸檬餡

低筋麵粉 … 1大匙

泡打粉 … ¼小匙

檸檬汁 … 1個分

雞蛋 … 1顆

細砂糖 … 60g

現磨檸檬皮 … ½個分

事前準備

· 將冷藏的奶油切成小塊。

· 烤箱預熱至190℃。

1 將低筋麵粉與糖粉放入調理盆,以打蛋器稍微拌勻後,加入現磨檸檬皮及奶油,宛如將奶油沾滿麵粉般、以切拌的手法混合均勻。

2 待材料變成碎塊狀後,改以雙手揉合。加入罌粟籽後,整形成一個完整麵團。

3 麵團放入模型內,以手指推平。

4 放入烤箱以190℃烘烤15分鐘,至略微上色。

5 製作檸檬餡。在調理盆放入低筋麵粉、泡打粉、檸檬汁,仔細攪拌均勻。

6 再加入雞蛋、細砂糖、現磨檸檬皮,以打蛋器混合均勻。

7 趁步驟4的餅乾仍然溫熱時,倒入步驟6,再以190℃烘烤20分鐘。

Pick up!

● **罌粟籽**

罌粟的種籽。口感獨特、香氣十足,是歐亞廣泛使用的調味料,可於烘焙材料行購得。此處使用的是藍罌粟籽。

Lemon Chiffon Cake
檸檬戚風蛋糕

鬆軟綿密的戚風蛋糕，淋上檸檬糖霜後便增添了爽口香濃的口感。一入口就能感受到檸檬清爽怡人的香氣洋溢開來。這是讓人忍不住一口接一口的好滋味！若是想要更加強調檸檬的香氣，也可以製作檸檬油來替代沙拉油。

材料（底部直徑16cm的戚風蛋糕模型1個）

雞蛋 … 4顆

細砂糖 … 80g

沙拉油 … 60cc

水 … 2½大匙

檸檬汁 … 1大匙

現磨檸檬皮 … 1個分

低筋麵粉 … 85g

◎檸檬糖霜（P. 12）

糖粉 … 50g

檸檬汁 … 2小匙

事前準備

・將雞蛋的蛋黃與蛋白分離。

・烤箱預熱至170℃。

1　蛋黃及蛋白分別放入不同的調理盆。

2　在蛋黃裡倒入1/2分量的細砂糖，以打蛋器仔細混合拌勻。攪拌至顏色變白後，慢慢加入沙拉油混勻。開始出現黏性後，加入水、檸檬汁、現磨檸檬皮，混合均勻後篩入低筋麵粉，以打蛋器仔細拌勻。

3　蛋白以電動攪拌器高速打發，顏色變白後，慢慢加入剩下的細砂糖，同時持續打發直到蛋白糊尖端僅略微下垂即可。

4　在步驟2的調理盆裡加入1/3分量的步驟3蛋白糊，以打蛋器仔細拌勻。倒入步驟3剩下的蛋白糊之後，以矽膠抹刀由下往上翻拌混合，直至麵糊變成柔順流動的狀態。

5　將麵糊倒入模型，以170℃烘烤30至35分鐘。出爐後倒置模型，可插在空瓶子或類以的器具上散熱（a）。

6　放涼後以蛋糕刀沿著模型內側邊緣及中央部位滑動（b），分離蛋糕與模型，取出蛋糕。

7　在小碗中倒入糖粉，中央加上檸檬汁後攪拌均勻使糖粉溶化，製作檸檬糖霜（P. 12）。以鮮奶油抹刀將檸檬糖霜塗抹於蛋糕表面上。

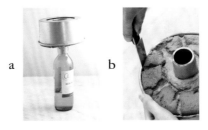

a　　b

Point

將削好的新鮮檸檬皮裝入瓶子裡，再注入沙拉油這類沒有特殊氣味的食用油，以冰箱冷藏浸漬一週左右，就完成了充滿檸檬香氣的檸檬油。只要將檸檬皮取出，檸檬油便可以長期保存，如此一來隨時都能享受檸檬的清香。

Weekend
檸檬酸奶酪週末蛋糕

利用酸奶油（Sauer Cream）製作出滋味更加輕盈的蛋糕體，由於重疊了兩種不同層次的酸味，爽口又迷人。抹上糖霜後立刻再烤一下，就能完成如圖中帶有透明感的裝飾糖霜。

材料（18×7×6.5cm的磅蛋糕模型）

Ⓐ
奶油 … 90g
細砂糖 … 90g
酸奶油 … 45g
雞蛋 … 2顆
低筋麵粉 … 120g
泡打粉 … ½小匙
◎檸檬糖霜（P. 12）
糖粉 … 50g
檸檬汁 … 2小匙

苦味檸檬果醬（P. 10）、開心果 … 各適量

事前準備
・奶油與雞蛋置於室溫下退冰。
・磅蛋糕模型內側鋪好烘焙紙。
・烤箱預熱至180℃。

1　將材料Ⓐ放入調理盆，攪拌至柔滑細緻為止。
2　徐徐加入打散的蛋液，攪拌均勻。
3　低筋麵粉＆泡打粉混合後篩入（a），再加入現磨檸檬皮，以矽膠抹刀翻拌至粉末完全融合為止。
4　從盆底往上大幅度翻拌，直至麵糊出現光澤度。
5　將麵糊倒入模型裡，表面以矽膠抹刀整平，放進烤箱以180℃烤40分鐘。
6　出爐後靜置散熱至不燙手，切去表面隆起部分後，上下翻轉倒置蛋糕。
7　在調理碗裡倒入糖粉，中央加上檸檬汁，攪拌均勻使糖粉溶化，製作檸檬糖霜（P. 12）。
8　在蛋糕表面淋上檸檬糖霜，滴落至側面的糖霜塗抹均勻（d）。烤箱加熱至200℃，再次短暫烘烤蛋糕1至2分鐘（裝飾用），直至糖霜平均地布滿蛋糕為止。最後用苦味檸檬果醬及開心果點綴表面即可。

a

b

c

d

Lemon Meringue Pie

檸檬蛋白糖霜派

以香濃的檸檬醬搭配輕盈的蛋白糖霜，酸味及甜味互相衝突卻又相襯的美味，是這道甜點的魅力所在。由於亞洲濕度偏高，蛋白糖霜較容易受潮，建議製作當天享用完畢為佳。

材料（直徑21cm的派模1個）
冷凍派皮（20×20cm）…1片
◎檸檬餡
Ⓐ
| 細砂糖…100g
| 玉米粉…2大匙
| 現磨檸檬皮…½大匙
檸檬汁（3個分）+水（適量）
　…計150cc
蛋黃…2顆分
雞蛋…2顆
奶油…15g
◎蛋白糖霜
蛋白…2顆分
細砂糖…50g

◎檸檬餡

1　將材料Ⓐ放入一小鍋，慢慢倒入加水稀釋過的檸檬汁，以打蛋器攪拌（a）。混合均勻後，倒入打散的蛋黃＆雞蛋（b）拌勻。

2　小火加熱步驟1，並且繼續以打蛋器攪拌加速導熱。呈現黏稠狀後改以矽膠抹刀攪拌一陣子即可熄火（c）。

3　加入奶油，利用鍋內餘熱溶化奶油。以濾網過濾後倒入淺盆內，以保鮮膜緊貼表面密封，放入冰箱冷藏至少1小時。

◎派

4　烤箱預熱至180℃。冷凍派皮輕輕擀開後放在派模上，以手按壓派皮貼合模型，派皮務必超過模型邊緣。多出的派皮可以廚房料理剪刀剪下。

5　派皮底部以叉子平均的壓出小洞，覆上烘焙紙後，加上重石。

6　以預熱至180℃的烤箱烤20分鐘，移除烘焙紙＆重石後續烤10分鐘。之後置於室溫下靜置冷卻。

◎蛋白糖霜

7　調理盆裡放入蛋白，以電動攪拌器高速打發直到顏色變白後，將細砂糖分成數次慢慢加入，同時持續打發，直至蛋白糊呈現尖針挺立的硬性發泡狀態。

8　將步驟3的檸檬餡倒入步驟6的派皮裡，以矽膠抹刀整平表面後。加上步驟7的蛋白糖霜，再次以矽膠抹刀整理表面後，利用湯匙背面隨興挑劃出造型。

9　以220℃的烤箱烘烤3至4分鐘，直至蛋白糖霜表面烤出淺淺的焦褐色即可。

a
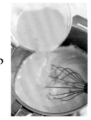
b
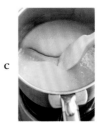
c

Lemon Roll Cake
檸檬白巧克力醬瑞士捲

含有蜂蜜的蛋糕體口感濕潤，包裹著滿滿的溫和甜美白巧克力，當中還有酸香鮮明的檸檬蛋黃醬。將烤好的蛋糕體以保鮮膜緊密包好，冷藏半天以上，會更容易捲起，味道也更入味。

材料（直7cm×長24cm 一條分）

◎麵團

Ⓐ
| 雞蛋… 3顆
| 細砂糖… 90g
| 蜂蜜… ½大匙
低筋麵粉… 60g

◎甘納許巧克力奶油
白巧克力… 80g
鮮奶油… 200cc

檸檬蛋黃醬（P.08）… 150g

◎裝飾（依個人喜好）
鮮奶油… 200cc
細砂糖…1大匙
白巧克力…適宜

事前準備

・將甘納許巧克力奶油的白巧克力切碎放入調理盆裡，注入加熱至即將沸騰的鮮奶油，攪拌使巧克力完全溶化。放入冰箱冷藏一晚（至少6小時）。

・烤盤鋪上兩張烘焙紙。一張與烤盤底部相同，另一張尺寸則需覆蓋烤盤四邊。

・烤箱預熱至190℃。

1 材料Ⓐ放入調理盆隔水加熱，同時以電動攪拌器高速打發。加熱至比體溫略高（約40℃）後離開熱水，繼續打發4至5分鐘。直至蛋糊滴落時留有線條的痕跡即可。

2 加入過篩的低筋麵粉，一邊旋轉調理盆，同時改以矽膠抹刀從盆底翻拌混合。

3 麵糊開始出現光澤感後，從烤盤中央處倒入，再以刮板撥勻（a），以190℃烤箱烤10至12分鐘。

4 整體上色後，將蛋糕連同烘焙紙一併取出，放在砧板上，在上面加一張烘焙紙，再以保鮮膜密封包覆，靜置散熱（如果能放置隔夜更好）。

5 進行捲餡作業前，先將冷卻的甘納許巧克力奶油放入調理盆，以電動攪拌器打發至尖角立起的硬性發泡狀態。

6 輕輕撕去步驟4蛋糕表面的烘焙紙，均勻塗上步驟5的巧克力奶油（b），再隨興淋上檸檬蛋黃醬（c）。在靠近自己這側的蛋糕邊緣1.5cm處淺劃出刀痕，接著托住蛋糕底部的烘焙紙開始往外捲（d）。捲好後以保鮮膜包起，放入冰箱冷藏靜置3小時以上。

7 裝飾用的鮮奶油加入細砂糖打發，抹在瑞士捲表面，再灑上些許白巧克力片即可。

a
b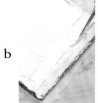
c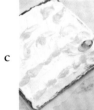

d

Lemon Macaroon

檸檬馬卡龍

富含檸檬汁的清爽馬卡龍。打發蛋白後，只要加入少許黃色食用色素，就能調出更加鮮豔的顏色（左頁玻璃杯內的馬卡龍）。置於冰箱冷藏半天後取出，就是最佳的享用狀態。

材料（約10個分）

◎麵團

杏仁粉… 75g

糖粉… 110g

蛋白… 65g

細砂糖… 25g

乾燥蛋白… 1g

現磨檸檬皮… 少許

◎檸檬餡

雞蛋… 1顆

細砂糖… 50g

檸檬汁… 25cc

現磨檸檬皮… ½個分

奶油… 25g

玉米粉… 5g

事前準備

・蛋白充分打散均勻直到接近液狀，放入冰箱冷藏2至3天，使蛋白完全液化。

・組裝好直徑1cm圓形花嘴的擠花袋。

・烤盤內鋪上烘焙紙。

・烤箱預熱至170℃。

1 杏仁粉＆糖粉混合過篩備用（**a**）。

2 蛋白倒入調理盆內，以電動攪拌器高速打發，直至蛋白霜呈現尖角下垂的溼性發泡狀。

3 細砂糖加入乾燥蛋白混勻，倒入步驟2繼續打發（**b**）。

4 待蛋白霜打發至尖角挺立的硬性發泡後，將步驟1的杏仁糖粉分成2至3次倒入，加入現磨檸檬皮，改以矽膠抹刀翻拌混勻。再以矽膠抹刀的平面壓向盆底，去除蛋白霜裡的氣泡，將蛋白霜攪拌成抹醬狀（**c**，稱為「馬卡龍攪拌法Macaronnage」）。

5 將步驟4裝入擠花袋，擠出直徑3.5cm的圓形（**d**）。若擠完時出現尖角，表示攪拌不足（Macaronnage不足），請繼續混合。擠完後置於室溫30分鐘至1小時，等待表面乾燥。

6 以170℃烤1至2分鐘，接著打開烤箱使溫度下降至130℃，在不烤焦的狀態下繼續烤15至20分鐘。輕輕觸碰馬卡龍餅，若底部不會離開烘焙紙即可取出，出爐後直接置於室溫下冷卻。

7 製作檸檬餡。在調理盆放入雞蛋及細砂糖，仔細攪拌均勻。

8 將現磨檸檬皮加入檸檬汁裡，加熱檸檬汁至即將沸騰，倒入步驟7裡。隔水加熱的同時倒入玉米粉，持續攪拌直到產生黏性。趁熱加入奶油拌勻，然後以保鮮膜封住，放入冰箱冷藏。

9 從烘焙紙取下步驟6冷卻的杏仁餅，兩片一組夾入步驟8的檸檬餡，再放入冰箱冷藏。享用之前在室溫下稍微退冰即可。

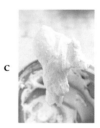

a　　b　　c

d

Pick up!

● 乾燥蛋白

為了穩定蛋白的狀態而使用，在烘焙材料行或網路商店皆可購得。

Lemon Boston Cream Pie

檸檬波士頓派

一般口味多用卡士達醬及巧克力，我則是使用了檸檬及馬司卡彭起士，打造出兼具清爽風味又香濃十足的奶霜。為了和奶霜相得益彰，麵團裡加入了玉米粉，創造出膨鬆乾爽的口感。

材料（直徑18cm的圓形模1個分）

◎海綿蛋糕

雞蛋⋯ 3顆

細砂糖⋯ 100g

蜂蜜⋯ 1小匙

低筋麵粉⋯ 70g

玉米粉⋯ 30g

牛奶⋯ 2大匙

沙拉油⋯ 1大匙

◎奶霜

馬司卡彭起士⋯ 100g

細砂糖⋯ 2大匙

鮮奶油⋯ 200cc

檸檬蛋黃醬（P.08）⋯ 150g

※或是使用「檸檬蛋白糖霜派（P.46）」
　　檸檬餡的一半分量

糖漬檸檬片（a）
　⋯ 2個分

※ 水 200cc 加細砂糖 200g 煮成糖漿，放入新鮮檸檬片後，加上落蓋以小火略煮。

事前準備

• 模型內鋪好烘焙紙。

• 烤箱預熱至170℃。

◎ 麵團

1　雞蛋、細砂糖、蜂蜜放入調理盆隔水加熱，同時以電動攪拌器打發。

2　溫度上升至略超過人體體溫（約40℃）後便可離開熱水，持續打發4至5分鐘。若是提起後滴落的痕跡如同大大的蝴蝶結，表示OK（b）。

3　電動攪拌器降為低速繼續攪拌1分鐘左右，讓麵糊更細緻。

4　低筋麵粉與玉米粉過篩加入，以矽膠抹刀切拌混合直至粉末完全融合為止（c）。

5　將充分混合的牛奶＆沙拉油倒入步驟4內（d），繼續攪拌直到麵團出現光澤感。

6　將麵糊倒入模型內，以170℃烘烤30分鐘。待表面隆起且呈棕黃色，以竹籤穿刺沒有沾附麵糊即表示烘烤完成。

7　出爐後立即在距離桌面10公分左右的高度讓模型落下，藉以排出多餘空氣。上下翻轉後取下模型（e），靜置冷卻。

◎ 奶霜＆裝飾

8　混合馬司卡彭＆細砂糖，徐徐加入鮮奶油，攪拌至細緻柔滑為止。

9　將步驟7的蛋糕體橫切成上下兩片，在切面刷上糖漬檸檬的糖漿（適量）。在下片的蛋糕抹上½分量的步驟8奶霜，再均勻抹上檸檬蛋黃醬。覆蓋上片蛋糕後，將剩餘的奶霜抹在表面，最後以糖漬檸檬片裝飾。

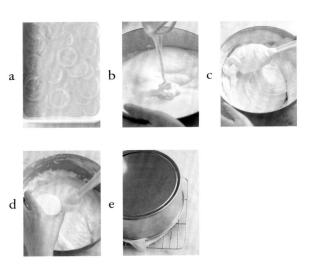

a　　b　　c

d　　e

檸檬櫛瓜生火腿鹹蛋糕 &
檸檬鮭魚馬芬

烤過的檸檬另有一番全新的魅力。若將牛奶換成優格，會顯得更加清爽。這兩款小點心無論是以磅蛋糕模型或馬芬模型來烘烤都很適合，請挑選喜歡的模型來試試看吧！

〔檸檬櫛瓜生火腿鹹蛋糕〕

材料（18×7×6.5cm的磅蛋糕模型1個分）

櫛瓜… 100g

橄欖油… 1小匙

生火腿… 40g　檸檬… ¼個

Ⓐ

　低筋麵粉… 120g　鹽… 1小撮

　起士粉… 40g

　泡打粉… ½小匙

Ⓑ

　雞蛋… 2個

　牛奶… 60g

　沙拉油… 3大匙

現磨檸檬皮… ½個分

檸檬汁… 2小匙

〔檸檬鮭魚馬芬〕

材料（直徑5.5cm的馬芬模型6個）

紅洋蔥… 50g　檸檬… ½個

煙燻鮭魚… 40g

Ⓐ ⇒同上方鹹蛋糕

Ⓑ ⇒將上方鹹蛋糕的牛奶
　換成60g的優格。

蒔蘿… 適量

事前準備

· 模型內鋪好廚房蠟紙。

· 烤箱預熱至180℃。

事前準備

· 模型裡鋪好烘焙紙。

· 烤箱預熱至180度。

1　櫛瓜切薄片以橄欖油快炒一下。生火腿切成一口大小。檸檬切成半月形片狀。

2　將材料Ⓐ放入調理盆，以打蛋器快速攪拌均勻。

3　另取一個調理盆仔細混合Ⓑ，然後一邊慢慢倒入步驟2，一邊拌勻。

4　加入現磨檸檬皮＆檸檬汁混勻。

5　將麵糊倒入模型裡，放上櫛瓜及生火腿後稍微壓入麵糊中。灑上檸檬片。

6　以180℃烤箱烤烤35至40分鐘。

1　洋蔥切薄片。檸檬切薄片後再切成一口大小。鮭魚切成一口大小。

2　將材料Ⓐ放入調理盆，以打蛋器快速攪拌均勻。

3　另取一調理盆仔細混合Ⓑ。然後一邊慢慢倒入步驟2，一邊拌勻，再加入洋蔥混合均勻。

4　將麵糊倒入模型裡，放上鮭魚及檸檬後稍微壓入麵糊中。灑上蒔蘿。

5　以180℃烤箱烤20分鐘。

Cake Salé & Muffins

Lemon Peel
糖漬檸檬皮

僅需檸檬皮＆細砂糖就能完成，明明是略
帶苦味的糖漬檸檬皮，卻有著宛如豪華午
茶點心的品相。因為食用的是外皮，請選
擇無農藥的檸檬。成品也很適合用於各式
烘烤點心。

材料（便於操作的分量）

檸檬… 4個

細砂糖… 和檸檬皮相同分量

事前準備

• 檸檬皮以刷子清潔乾淨，可在表面刷出
　一些刮痕（能去除些許苦味）。

1　檸檬縱切成4等分後去籽。將檸檬皮切成5mm寬後測量
　　重量，再準備和檸檬皮相等重量的細砂糖。

2　鍋裡放入步驟1的檸檬皮，加入高度比果皮略低的水，
　　以中火加熱，沸騰後熄火倒水。重複此步驟3次，如果
　　喜歡苦味較重的口味，可以減少次數。

3　步驟2加入一半分量的細砂糖，以中火加熱，煮至水分
　　揮發變得濃稠。直至水分幾乎消失，檸檬皮出現透明感
　　即可。

4　在烘焙紙上攤開步驟3的檸檬皮，均勻灑上剩餘的細砂
　　糖，置於室溫下一個晚上使其乾燥即可。

3
冰涼的
檸檬甜點

檸檬清爽的滋味，或許原本就給人一種適合冰涼甜點
的深刻形象。無論是果凍或冰沙，那股爽快的酸味在
口中清涼地化開時，真是盛夏時刻最棒的享受。以
砂糖或蜂蜜來增加甜度，瞬間讓冰品整體都華麗了起
來。利用檸檬搭配蕾雅起士蛋糕或芭芭露亞這類奶味
偏重的甜品也相當適合。裝飾成百滙般的查佛蛋糕，
或是經典的檸檬特調，甚至是檸檬酒，請好好探索這
些冰涼的檸檬滋味吧！

Lemon Sauce Pudding
檸檬霜布丁

這是一道英國的傳統甜點。含有蛋白糖霜的麵糊經過蒸烤後，只有接觸熱水的部分會出現凝結的口感，形成雙層布丁般的層次。可以用大容器作好後以湯匙分食，也可用小容器製作成各別的單人份量。

材料（600cc的耐熱容器1個分）

※ 或 300 cc 的陶瓷烤盅 2 個分

細砂糖… 90g

奶油… 50g

雞蛋… 2顆

現磨檸檬皮… 1個分

檸檬汁… 1個分

低筋麵粉… 3大匙

牛奶… 260cc

事前準備

• 奶油置於室溫下退冰軟化。

• 將雞蛋的蛋黃與蛋白分離。

• 烤箱預熱至170℃。

1 將½量的細砂糖、奶油放入調理盆，混合均勻後加入蛋黃、現磨檸檬皮一起攪拌。

2 加入檸檬汁、低筋麵粉，混合至粉末完全融合。

3 牛奶加熱至即將沸騰，一邊攪拌一邊徐徐倒入步驟2裡。

4 另取一調理盆放入蛋白，以電動攪拌器高速打發。顏色開始變白後，分次倒入剩餘的細砂糖，持續打發至蛋白霜尖角挺立的硬性發泡。

5 將步驟4的蛋白加入步驟3內，以切拌的手法混勻，最後倒入耐熱容器裡。

6 將容器放在烤盤上，烤盤倒入3cm高的熱水。以170℃隔水加熱蒸烤30至35分鐘（若為300cc × 2則烤25至30分鐘），直至表面凝固為止。出爐後靜置冷卻，即可放入冰箱冷藏。

No-bake Lemon Cheesecake
檸檬蕾雅起士蛋糕

這是加入大量優格，口感極為清爽的蕾雅
起士蛋糕。蛋糕基底的餅乾，是使用「麥
維他消化餅」製作而成，也很推薦改用
「比利時蓮花脆餅」來製作哦！

材料（直徑 20cm 的圓形模 1 個分）

　※ 活動式底盤的模型

餅乾… 9片

奶油… 20g

現磨檸檬皮… ½個分

奶油起士… 200g

細砂糖… 100g

鮮奶油… 200cc

明膠粉… 5g

　水… 2大匙

原味優格… 150g

檸檬汁… 1½大匙

糖漬檸檬片（a）

　… 1½個分

※以150cc的水和150g細砂糖熬煮糖漿，放入新鮮
　檸檬片後，加上落蓋以小火略煮一下。

事前準備

・奶油起士置於室溫下退冰。

・優格瀝去水分至少半小時，減重至75g。

・明膠粉溶於水備用（b）。

1　餅乾放入塑膠袋內壓碎。

2　奶油放入調理盆隔水加熱溶化。散熱至不燙手後，將步
　驟1的餅乾、現磨檸檬皮倒入奶油中，仔細混合均勻，
　鋪平在模型底部（c）。

3　另取調理盆，倒入奶油起士＆細砂糖，以打蛋器攪拌至
　柔軟滑順為止（d）。

4　取一耐熱容器，倒入⅓分量的鮮奶油，不加蓋直接微波
　加熱約20至30秒。然後倒入融化的明膠，混合均勻。

5　將剩下的鮮奶油打發至6分立（舉起後滴落的痕跡會迅
　速消失）。

6　將步驟4的鮮奶油倒入步驟3充分拌勻。加入瀝乾的優
　格、步驟5的鮮奶油、檸檬汁，充分攪拌後倒入步驟2
　裡。

7　放入冰箱冷藏至少2小時，最後加上糖漬檸檬片裝飾即
　可。

a

b

c

d

Lemon Bavarois Cream

檸檬牛奶芭芭露亞

在牛奶裡放入檸檬皮煮沸，冷卻後果皮的香氣就會轉移至牛奶裡。使用經過這道手續處理後的牛奶，就能作出許多帶有檸檬香氣的甜點。而這款點心，正是用最簡單的口味來呈現檸檬牛奶的美好。

材料（容量 200ml 的容器 2 個分）
◎檸檬香草醬
蛋黃… 3顆
細砂糖… 50g
牛奶… 250cc
檸檬皮（削皮刀削下的表皮薄片）… 1 個分
明膠粉… 5g
   水… 1½大匙

鮮奶油… 100cc
   細砂糖… ½大匙
檸檬片…2枚

事前準備
- 明膠粉溶於水備用。
- 小鍋裡放入牛奶＆檸檬皮（a），以小火加熱，一旦沸騰立刻熄火，靜置直到冷卻。

1　製作檸檬香草醬。調理盆裡放入蛋黃、細砂糖，以打蛋器攪拌至砂糖完全溶化為止（b）。

2　再次溫熱浸有檸檬皮的牛奶，過濾後倒入步驟1內，混合均勻後再倒回鍋子裡。

3　以小火加熱，同時以矽膠抹刀不停攪拌直到鍋內呈現黏稠狀。以矽膠抹刀舀起醬汁，手指從中間畫一道，如果留下明顯痕跡（c）表示檸檬香草醬完成。熄火，離開火源，倒入溶化備用的明膠混合均勻。再以濾網過濾至調理盆裡。

4　調理盆隔冰水冷卻，以矽膠抹刀不停攪拌直到香草醬徹底冷卻，呈黏稠狀。

5　另取調理盆，倒入鮮奶油＆細砂糖，打發成舉起後尖角挺立的硬性發泡。

6　在步驟5裡加入⅓的步驟4，快速拌勻後倒回步驟4裡，再以翻拌的方式混勻。

7　將奶醬倒入容器內，以冰箱冷藏1小時以上，最後加上檸檬片。

　a
　b
　c

Lemon Trifle
檸檬查佛蛋糕

以檸檬味的果凍妝點，完成百滙般的造型。吸收了果凍水分的海綿蛋糕，變得溼潤而入口即化。單純只有果凍也很美味，請依個人喜好組合搭配。接下來，請好好享用奢華迷人的下午茶時間吧！

材料（2至3人分）

◎檸檬果凍

細砂糖… 4大匙

蜂蜜… 1大匙

水… 180cc

明膠粉… 5g

　　水… 1½大匙

檸檬汁… 1個分

◎奶霜

鮮奶油… 100cc

原味優格… 100g

細砂糖… 1大匙

海綿蛋糕… 20g

※ 或蜂蜜蛋糕2塊

甜味檸檬果醬（P.10）… 適量

糖漬檸檬片

※ 1顆檸檬搭配水100cc、
　　細砂糖100g熬煮的糖漿，
　　放入新鮮檸檬片後，加上落蓋以小火略煮。

或新鮮檸檬切片… 適宜

事前準備

・明膠粉溶於水備用。

・優格瀝去水分至少半小時，減重至50g。

◎ 檸檬果凍

1 鍋裡放入細砂糖、蜂蜜、180cc的水，以小火加熱至細砂糖溶解。

2 熄火，加入溶化的明膠（**a**）、檸檬汁，混合均勻後倒入淺盆，送入冰箱冷藏1小時以上凝固定型。

◎ 奶霜＆裝飾

3 鮮奶油打發至6分立（舉起後滴落的痕跡會迅速消失），加入瀝去水分的優格、細砂糖，攪拌均勻。

4 玻璃杯裡放入切塊的海綿蛋糕、步驟2的果凍、步驟3的奶霜，再依喜好加入甜味檸檬果醬、糖漬檸檬片（或新鮮檸檬片）。也可淋上些許檸檬酒（P. 77）。

a

ℒemon Tiramisu
檸檬紅茶提拉米蘇

以檸檬紅茶代替咖啡,製作出口味清爽的
提拉米蘇。以刨絲器刨下的檸檬皮會自然
捲曲,造形相當可愛。紅茶請選擇品質
好、味道香濃的茶葉。

材料(長 20cm 的橢圓烤盅 1 個分)

細砂糖… 3大匙

雞蛋… 2顆

現磨檸檬皮… ⅓個分

檸檬汁… 1大匙

馬司卡彭起士… 250g

手指餅乾… 200g

Ⓐ

伯爵紅茶

… 200cc熱水加2個茶包

檸檬酒(P.77)… 1½大匙

檸檬皮絲… 適量

事前準備

• 將雞蛋的蛋黃與蛋白分離。

1 調理盆裡放入½分量的細砂糖、蛋黃、現磨檸檬皮、檸檬汁,隔水加熱打發至略為膨脹柔軟的狀態(**a**)。

2 另取一個調理盆放入蛋白,以打蛋器打發至舉起滴落後會留下痕跡的程度。將剩餘的細砂糖分兩次加入,並且繼續攪拌打發,直至蛋白糖霜呈現尖角挺立的硬性發泡為止。

3 再取一個調理盆,放入馬斯卡彭起士後以打蛋器攪散,再加入步驟1混合均勻。

4 將步驟2分成兩次加入步驟3內,同時以矽膠抹刀由盆底往上翻拌的方式混合拌勻(**b**)。

5 將一半分量的手指餅乾浸於混合好的Ⓐ,再鋪滿烤盅底部(**c**),倒入½量的步驟4。重複上述步驟完成第二層,加上保鮮膜密封後,放入冰箱冷藏1小時。

6 食用前灑上檸檬皮絲。

a  **b**  **c**

使用大量蛋黃，濃郁又迷人的烤布蕾。檸檬的香氣也毫不遜色地悄悄融入乳製品，是一款有著令人玩味深度餘韻的甜點。

材料（直徑 12 cm 的耐熱容器 2 個分）

蛋黃… 3顆　　細砂糖… 30g

牛奶… 130cc

鮮奶油… 200cc

檸檬皮… ½個分

※僅以刨絲器取用黃色表皮部分。

細砂糖（裝飾用）… 3大匙

事前準備

・烤箱預熱至150℃。

・小鍋裡放入牛奶、鮮奶油、檸檬皮，小火加熱至沸騰後立刻熄火，直接靜置冷卻。

1 蛋黃放入調理盆裡打散，加入細砂糖攪拌均勻。

2 稍微溫熱小鍋內的牛奶後，以濾網過濾，一邊徐徐倒入步驟1內，一邊拌勻。接著倒入耐熱容器內。

3 烤盤內鋪上廚房紙巾，放入步驟2，然後在烤盤內注入1cm高的熱水，以150℃隔水加熱蒸烤20分鐘。出爐靜置冷卻後，放入冰箱冷藏。

4 在步驟3表面灑上裝飾用的細砂糖，以料理噴槍或小烤箱加熱至表面呈焦糖狀。再次送入冰箱冷藏後即可享用（或直接以小鍋加熱細砂糖至焦糖色，再加入少量檸檬汁與熱水，製成焦糖醬淋在布蕾上）。

Lemon Brule
檸檬烤布蕾

Lemon and Apricots Jelly
檸檬杏桃寒天

健康取向的寒天之中，隱約透出檸檬片的
模樣，這是一道無比涼爽的點心。寒天裡
不添加任何糖分，而是搭配杏桃糖漿來享
用。亦可將寒天切成小塊，營造成日式點
心風格。

材料（15cm 正方形果凍模 1 個分）

檸檬片… 2片

水… 400cc

寒天… 4g

◎糖漬杏桃

杏桃乾… 50g

細砂糖… 50g

水… 適量

1　將每片檸檬片切成10等分。

2　小鍋裡放入所有分量的水＆寒天，一邊攪拌一邊加熱，
　　沸騰後轉中火續煮3分鐘。

3　將步驟2倒入模型裡，灑入步驟1的檸檬片。放入冰箱
　　或陰涼處等待冷卻固定。

4　製作糖漬杏桃。小鍋裡放入切碎的杏桃乾、細砂糖，倒
　　入約材料一半高度的水，以中火熬煮20分鐘左右。靜
　　置冷卻後放入冰箱冷藏。

5　從模型內取出步驟3的寒天果凍，淋上步驟4的杏桃糖
　　漿。

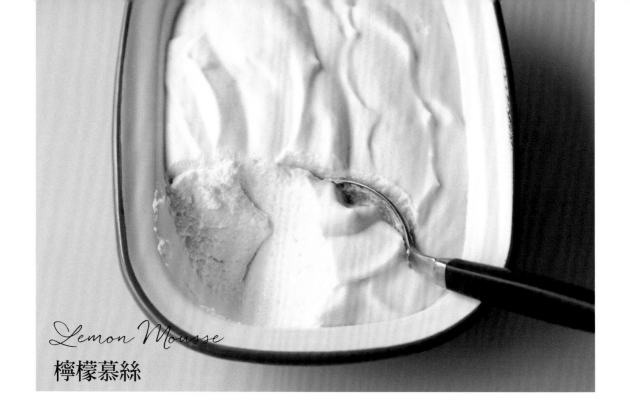

Lemon Mousse

檸檬慕絲

看似單純的慕絲，入口後卻有著雪花漾開般的檸檬口味。是一款清爽又有韻味，帶著華麗風味的甜點。

材料（16×10×3cm 的法式烤鍋 1 個分）

鮮奶油… 100cc

　　細砂糖… 2小匙

雞蛋… 1個

細砂糖… 40g

現磨檸檬皮… ½個分

檸檬汁… ½個分

明膠… 3g

　　水… 1大匙

原味優格… 120g

事前準備

• 優格瀝去水分減重至60g。

• 將雞蛋的蛋黃與蛋白分離。

• 明膠泡水軟化備用。

1 鮮奶油加入2小匙細砂糖後打發起泡，直至尖角成略彎的鉤狀。

2 另取一調理盆放入蛋黃、½分量的細砂糖、現磨檸檬皮，以打蛋器混勻。

3 檸檬汁加入步驟**2**，並且隔水加熱，攪拌直至顏色變白為止。

4 溫熱後移除熱水，倒入明膠使其溶化，攪拌均勻。

5 倒入瀝去水分的原味優格攪拌至柔滑狀，再倒入步驟**1**的鮮奶油，以切拌方式混合均勻。

6 另取一調理盆倒入蛋白打散，加入剩餘的細砂糖，將蛋白糖霜打發至尖角挺立的硬性發泡。

7 將步驟**6**倒入步驟**5**內，以切拌手法拌勻，倒入容器內送入冰箱冷藏至少2小時。

冰涼爽脆的冰沙飽含著原汁原味的豪華酸香！使用叉子搗碎就是碎冰狀，以食物處理機攪拌則接近奶昔的質感。請以自己喜歡的方式來製作吧！

材料（4個分）
細砂糖… 4大匙
蜂蜜… 2大匙
水… 150cc
檸檬… 2個

事前準備
• 檸檬縱向對切，中間挖空變成容器（a,
 b）。果肉榨出果汁備用。

1　鍋裡放入細砂糖、蜂蜜、150cc的水，以小火加熱溶化細砂糖。

2　熄火，加入檸檬汁混合均勻，倒入淺盆以保鮮膜密封後，放入冷凍庫。中途以叉子數次搗碎，或裝入保鮮袋冷凍結冰後，再以食物處理機攪拌。

3　盛入檸檬皮製作的容器裡。

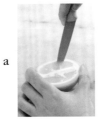
a

b

Lemon Sherbet
檸檬冰沙

Lemon Ice Cream
Lemon Milk Ice Cream

檸檬冰淇淋

將檸檬香草醬冷凍製作而成的冰淇淋。由於沒有加入鮮奶油,所以脂肪含量低,但口感卻依然相當濃郁,令人滿足又開心!

材料(便於操作的分量)

蛋黃… 3顆

細砂糖… 50g

牛奶… 250cc

檸檬皮… 1個分

※削皮刀削下的表皮薄片。

事前準備

• 小鍋裡放入牛奶與檸檬皮,小火加熱至沸騰後立刻熄火,直接靜置冷卻。

1 調理盆裡放入蛋黃、細砂糖,以打蛋器攪拌至砂糖溶化為止。

2 再次溫熱浸有檸檬皮的牛奶,過濾後倒入步驟1裡,混合之後再倒回鍋裡。

3 以小火加熱步驟2,改換矽膠抹刀攪拌直至變得濃稠,溫度均勻為止。若手指劃過抹刀表面會留下清晰痕跡(**a**)表示OK,可以熄火。

4 以濾網過濾後倒入淺盆,放入冷凍庫,不時要拿出來攪拌一下。或放入保鮮袋裡完全冷凍後(**b**),再以食物處理機或攪拌器打碎亦可。

a   b

檸檬牛奶冰

雖然奶香十足,但享用後的口感卻相當清爽。由於加入蜂蜜使冰體結構較為柔軟,因此吃起來特別鬆軟綿密。各種溫和的味道在口中相互結合又輕漾開來。

材料(便於操作的分量)

鮮奶油… 100cc

細砂糖… 1大匙

牛奶… 200cc

蜂蜜… 2大匙

檸檬皮… 1個分

※削皮刀削下的表皮薄片。

事前準備

• 與「檸檬冰淇淋」相同(但添加蜂蜜)。

1 鮮奶油&細砂糖混合至砂糖完全溶解。浸泡檸檬皮的牛奶過濾後倒入,全部混合均勻。

2 倒入淺盆,放入冷凍庫,不時要拿出來攪拌一下。或是放入保鮮袋裡完全冷凍後(**b**),再以食物處理機或攪拌器打碎亦可。

檸檬特調 &
檸檬汽水

只要有了檸檬糖漿，隨時都可以輕鬆享受
檸檬口味的爽口飲料。天冷時加入熱水沖
泡，甚至加在酒裡也未嘗不可。強力推薦
在檸檬汽水裡多加點薄荷葉！

材料（便於操作的分量）
◎檸檬糖漿
檸檬… 1個
細砂糖… 100g
水… 100cc

◎ 檸檬糖漿
1 檸檬兩端各切去⅓，從兩端擠出果汁。正中央切成薄
片。
2 製作檸檬糖漿。鍋裡放入步驟1的薄片與果汁，加入其
他材料後覆上落蓋，以中火加熱，沸騰後熄火，靜置冷
卻。

〔檸檬特調〕
玻璃杯裡注入檸檬糖漿，再依個人喜好加水稀釋，最後
再加入檸檬片。

〔檸檬汽水〕
玻璃杯裡注入檸檬糖漿，依個人喜好加入碳酸汽水稀釋
後，再放入適量的薄荷葉。

Lemon Fruits Soup

檸檬水果甜湯

酸酸甜甜的水果冷湯，將洋梨換成蘋果或杏桃也一樣好吃。可以搭配冰淇淋或蜂蜜蛋糕；冬天加熱品嘗，香味則會更加濃郁。

材料（2人分）

◎糖漬西洋梨

西洋梨… ½個　　水… 100cc

細砂糖… 70g　　檸檬… ½個

◎甜湯

細砂糖… 30g

玉米粉… 2小匙

Ⓐ

現磨檸檬皮… ½小匙

檸檬汁（1個分）+水（適量）

※檸檬汁加水總計50cc

蛋黃… 2顆

檸檬片、香蕉… 各適量

◎ 糖漬西洋梨

1　西洋梨去皮，切成4等分的半月狀，去籽去芯。

2　鍋裡放入步驟1的洋梨、100cc的水、細砂糖，半顆檸檬汁，皮亦可入鍋。

3　以中火加熱至沸騰，再煮1至2分鐘後熄火，直接靜置冷卻。

◎ 甜湯

4　另取一鍋放入細砂糖與玉米粉混合均勻。倒入材料Ⓐ後開小火加熱，以打蛋器攪拌，加熱至呈現黏稠狀為止。

5　將步驟3的洋梨糖漿全部加入步驟4內調勻，放入冰箱冷藏。

6　在湯碗裡放入糖漬西洋梨，倒入步驟5，加上幾片檸檬切片及香蕉片即完成。

檸檬酒

這是一款酒精含量極高的調味酒，散發的香氣也是無與倫比！我會加上同等分量的甜味檸檬果醬（P. 10），再以蘇打水或純水稀釋作成飲料。亦可作為甜點的調味之用。

材料（便於操作的分量）
Spirytus生命之水之類的伏特加… 500cc
檸檬皮… 6個分
※僅使用削皮刀削下的表皮薄片。
細砂糖… 500g
水… 500cc

1 在密封罐裡倒入伏特加與檸檬皮（a），室溫下置於無日曬的陰涼處一星期以上。
2 製作糖漿。小鍋裡放入細砂糖、水，煮沸後熄火。
3 步驟1的檸檬皮顏色變白後，加入步驟2輕輕混合（呈現混濁狀）。

a

Pick up!
● Spirytus 生命之水
伏特加的一種，雖然是酒精含量極高的酒，在義大利卻是家家戶戶都用來醃漬檸檬、製作檸檬酒呢！

Wrapping paper

附錄 檸檬包裝紙

本書為大家準備了兩款
包裝檸檬甜點時適用的可愛包裝紙。
請依需要的尺寸複印後使用。

※ 此包裝紙圖案禁止作為商業營利用途或販售。

Illustration_Isabelle Boinot

Lemon

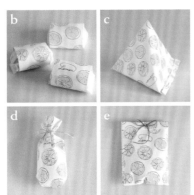

a …在關緊的玻璃瓶蓋覆上包裝紙，
以麻繩繞圈後打上蝴蝶結。
⇒檸檬蛋黃醬P.08、檸檬果醬P.10、檸檬酒P.77等

b …將一個個小點心放入包裝袋封
好，再將包裝紙裁切成⅓大小（或隨
個人喜好），包裹點心一圈後，以膠
帶固定於底部。
⇒檸檬蛋糕P. 20等

c, d, e …複印兩張包裝紙，以膠水或
膠帶固定三邊，作成紙袋。（若擔心
點心的油分滲出，可在內側鋪上烘焙
紙）
c是先將開口以對角線方式摺成三角
形，中間放入點心，再以釘書機或膠
帶封口。
d和e是先放入甜點（若尺寸不合，
左右可內摺）後封口，再綁上緞帶點
綴。
⇒馬芬P.16、司康P.18、檸檬西班牙小餅P. 28、
檸檬馬卡龍P.50等

若山曜子　Yoko Wakayama

料理、甜點研究家。東京外國語大學法文系畢業後赴法留學，歷經巴黎藍帶廚藝學校、Ecole Ferrandi的深造，順利取得法國國家廚師執照（C.A.P.）。在巴黎的甜點店與餐廳磨練過後回到日本，不但活躍於雜誌及書籍，同時也為咖啡廳及大企業設計食譜，甚至主持料理教室等等，活動範圍相當廣泛。無論是甜品或料理都步驟簡單且造形優雅，因而深獲好評。著有《用一個磅蛋糕模型就能完成的許多蛋糕》、《用奶油／多種油來做馬芬和杯子蛋糕》（皆為主婦と生活社）、《簡簡單單又美味。送入烤箱就好了的食譜》（宙出版）、《第一次做Popover就上手》（マイナビ出版）等等。
http://tavechao.tavechao.com

清新烘焙 *Lemon Recipe Book*
酸甜好滋味の檸檬甜點45

作　　　者／若山曜子	**原書製作STAFF**
譯　　　者／丁廣貞	攝　　　影／馬場わかな
發　行　人／詹慶和	視 覺 呈 現／伊東朋惠
執 行 編 輯／蔡毓玲・詹凱雲	書 籍 設 計／福間優子
編　　　輯／劉蕙寧・黃璟安・陳姿伶	插　　　畫／Isabelle Boinot
執 行 美 編／韓欣恬	撰　　　文／北條芽以
美 術 編 輯／陳麗娜・周盈汝	烘 焙 助 理／尾崎史江、細井美波、矢村このみ
出　版　者／良品文化館	編　　　輯／植木優帆（マイナビ出版）
	Special Thanks／ベリタリア

郵政劃撥帳號／18225950
戶　　　名／雅書堂文化事業有限公司
地　　　址／220新北市板橋區板新路206號3樓
電 子 信 箱／elegant.books@msa.hinet.net
電　　　話／(02)8952-4078
傳　　　真／(02)8952-4084

2024年6月 二版一刷 定價350元

材料協力
cotta（http://www.cotta.jp/）
Cuoca（http://www.cuoca.com）

本書使用的檸檬農家
岡野慎悟
秀ちゃん農園（https://hidechannouen.jimdo.com/）

LEMON NO OKASHI by Yoko Wakayama
Copyright © 2016 Yoko Wakayama, Mynavi Publishing Corporation
All rights reserved.
Original Japanese edition published by Mynavi Publishing
Corporation

This Traditional Chinese edition is published by arrangement with
Mynavi Publishing Corporation, Tokyo in care of Tuttle-Mori Agency,
Inc., Tokyo
through Keio Cultural Enterprise Co., Ltd., New Taipei City, Taiwan.

經銷／易可數位行銷股份有限公司
地址／新北市新店區寶橋路235巷6弄3號5樓
電話／（02）8911-0825　　傳真／（02）8911-0801

國家圖書館出版品預行編目(CIP)資料

清新烘焙・酸甜好滋味の檸檬甜點45 / 若山曜子著；
丁廣貞譯.
-- 二版. -- 新北市：良品文化館, 2024.06
　　面；　　公分. -- (烘焙食光；4)
ISBN 978-986-7627-60-5 (平裝)

1.CST: 點心食譜

427.16　　　　　　　　　　　　　113007583